達克比辦案 1

# 誰是仿冒大王？

文 胡妙芬　圖 彭永成

親子天下

# 課本像漫畫書 童年夢想實現了

臺灣大學昆蟲系名譽教授、蜻蜓石有機生態農場場長 **石正人**

看漫畫，看卡通，一直是小朋友的最愛。回想小學時，放學回家的路上，最期待的是經過出租漫畫店，大家湊點錢，好幾個同學擠在一起，爭看《諸葛四郎大戰魔鬼黨》，書中的四郎與真平，成了我心目中的英雄人物。常常看到忘記回家，還勞動學校老師出來趕人。當時心中嘀咕著：「如果課本像漫畫書，不知有多好！」

拿到【達克比辦案】系列書稿，看著看著，竟然就翻到最後一頁，欲罷不能。這是一本漫畫融入知識的書，非常吸引人。

作者以動物警察達克比為主角，合理的帶讀者深入動物世界，調查各種動物世界的行為和生態，很多深奧的知識，例如擬態、偽裝、共生、演化等，躍然紙上。書中不時穿插「小檔案」和「辦案筆記」等，讓人覺得像是在看CSI影片一樣的精采。而很多生命科學的知識，已經不知不覺進入到讀者腦海中。

真是為現代的學生感到高興，有這麼精采的科學漫畫。也期待動物警察達克比，繼續帶領大家深入生物世界，發掘更多、更新鮮的知識。我相信，達克比有一天在小孩的心目中，會像是我小時候心目中的四郎和真平一般。

我幼年期待的夢想：「如果課本像漫畫書」，真的是實現了！

---

# 從故事中學習科學研究的方法與態度

臺灣大學森林環境暨資源學系教授與國際長 **袁孝維**

【達克比辦案】系列漫畫趣味橫生，將課堂裡的生物知識轉換成幽默風趣的故事。主角是一隻可以上天下海、縮小變身的動物警察達克比，他以專業辦案手法，加上偶然出錯的小插曲，將不同的動物行為及生態知識，用各個事件發生的方式一一呈現。案件裡的關鍵人物陸續出場，各個角色之間互動對話，達克比抽絲剝繭，理出頭緒，還認真的寫了「我的辦案心得筆記」。書裡傳達的不僅是知識，這樣的說故事過程是在教小朋友假說的擬定、邏輯的思考、比對驗證等科學研究的方法與態度。不得不佩服作者由故事發想、構思、布局，再藉由繪者的妙手，生動活潑呈現的高超境界了。

作者是我臺大動物所的學妹胡妙芬，有豐厚的專業背景，因此這一系列的科普漫畫書，添加趣味性與擬人化，讓小朋友在開心快樂的閱讀氛圍裡，獲得正確的科學知識，在大笑之餘，收穫滿滿。

# 趣味故事情節　激發知識學習力

前國立海洋生物博物館館長
中山大學海洋生物科技暨資源學系教授 **王維賢**

我們居住的地球上住著各式各樣的生物，從昆蟲世界到大型哺乳動物；從陸生生物到海底世界生物，從飛翔空中到悠游大海。他們各有各的居住環境，也各自擁有不同的生存法寶。他們的世界多采多姿，超乎想像，他們的行為有時更是令人瞠目結舌，不可思議。

這些現象或行為經過生物學家努力探究之後，都逐一揭開神祕面紗，並將研究成果發表在學術刊物或轉化成為教科書上的內容，當然這些發現也是很好的科普教育題材，尤其是在強調環境生態教育的今天，更顯重要。如能將科普題材以淺顯易懂的方式呈現，在寓教於樂的氛圍設計下進行學習，將會有事半功倍的效果。

本書即是希望讀者透過輕鬆的漫畫閱讀，在擬人化的詼諧對話中進行知識的獲取。

故事中的主角達克比是一隻鴨嘴獸，他經由抽絲剝繭的辦案方式來引導大家一步一步的去了解嫌疑犯的行為，中間穿插一些生物或生態習性的介紹，最後並進行有罪無罪判決，希望大家在看完故事之後都能留下深刻印象，並因此了解書中生物的相關知識。

本書擬人化的創作方式，以建構的趣味性來帶動故事情節，建議讀者們以輕鬆的心情閱讀此書，必能有很好的收穫。

# 一旦開始看，就停不下來

金鼎獎科普作家 **張東君**

鴨嘴獸達克比是一個動物警察，愛心和正義感很強大，為了打擊犯罪上山下海，除了警用背包和警棍之外還配備著生物縮小燈，在接獲民眾報案後，確實調查、追蹤，並在解決問題之後填寫詳盡的調查報告。

達克比辦過的案子越來越多，書中都是以幽默的辦案方式帶出動物的生活與行為，既有趣又非常引人入勝。例如，某次達克比跟女朋友約會，卻遭遇不幸——照過縮小燈在花海中散步時，一顆便便打在女朋友頭上，把女朋友氣跑了！達克比去找做壞事的人，卻目擊幾隻昆蟲正在欺負弱小。經過調查，原來大家只是在邀挵蝶幼蟲打棒球，但挵蝶幼蟲怕自己打棒球時被天敵抓走而拒絕，他平時躲著是為了不被發現，所以會把大便彈到很遠的地方，混淆天敵。達克比恍然大悟，原來他就是破壞約會的元凶！

《達克比辦案》系列漫畫就是這麼好看，只要看一篇，就停不下來。作者叫妙妙，寫的故事也實在真是妙啊！

# 目錄

鴨嘴獸「達克比」是一個動物警察，
駐守在河邊的小木屋派出所。

# 達克比的任務裝備

達克比，游河裡，上山下海，哪兒都去；
有愛心，守正義，打擊犯罪，牠跑第一。

**猜猜看，他會遇到什麼有趣的動物案件呢？**

微笑警徽
希望天下太平、世界大同。
嘴
扁嘴巴，沒有牙，
最恨被看做鴨子嘴。
潛水鏡
為了耍帥，隨時戴著。
紅領巾
熱愛紅色，
代表滿腔的熱血。
警用背包
裡面什麼都有，
出門辦案時還能順
便帶乖乖和點心。
生物縮小糖
最新科技，
吃一顆，
身體就能縮小。
霹靂腰帶
水桶腰，繫起來
勉勉強強。
尾巴
又寬又扁，
適合在水中快速游泳。
警棍
用來打擊犯罪，
偶爾也拿來打打棒球。
皮毛
毛皮厚，可防水，
游泳時就像穿著潛水裝。

# 蜂狂搖滾樂團

嗡嗡～

啊！有蜜蜂！
別叮我……

不要過來！過
來我就噴囉～

?
你不是警察嗎？
我是來報案的耶！
嘻嘻，抱歉……一時緊張，忘記自己是警察，要為民服務了……
你聽我說，最近有個什麼蜂狂搖滾樂團的，偽裝成我們胡蜂的模樣，在外面招搖撞騙！
這就是牠們的海報……
咦？牠們每個團員都有黃黑相間的條紋，應該是胡蜂，沒有錯呀！

連警察也被騙！未免太遜了吧！
你看！我們有毒針，是真槍實彈……

牠們沒毒針卻隨便冒用，以後誰還會怕我們？

黃、黑相間的條紋是蜂類特有的警戒色，意思是在對敵人表示：「我身上有毒針，不要惹我喔！」

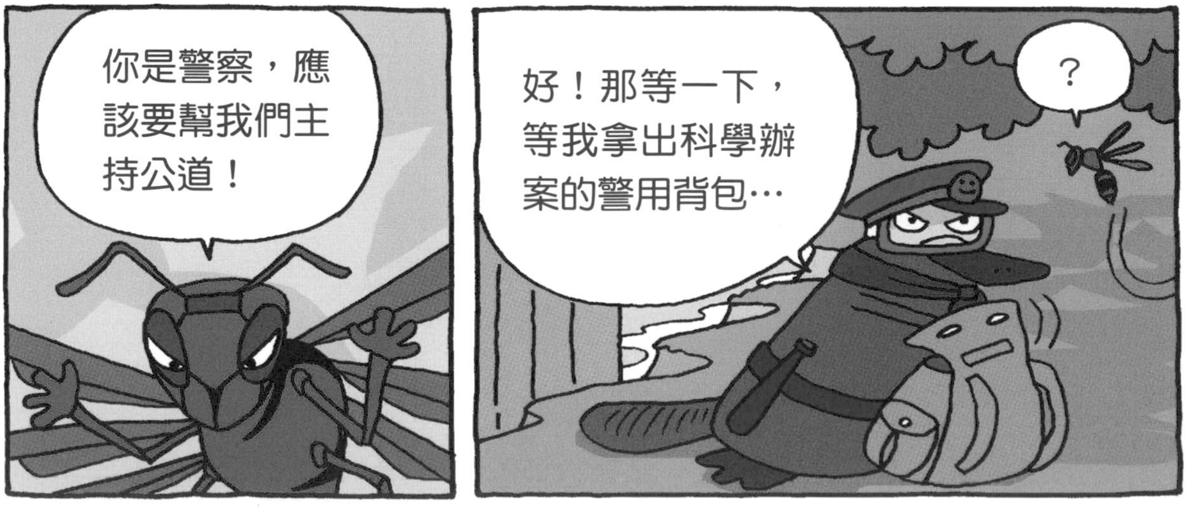
你是警察，應該要幫我們主持公道！
好！那等一下，等我拿出科學辦案的警用背包…
？

你在做什麼？
哈！找到了！
最新的「生物縮小糖」！進入昆蟲世界調查時專用的。
啊？
縮小……
縮小
嚇！
驚嚇過度……

走吧！現在就跟你去調查事情真相……
呃……
呀呼～
嗡 嗡 嗡
哇
快到了。

到了！這就是蜂狂搖滾樂團練習演奏的地方。
鏘！
嘟～
好，看我準備破門而入……
砰！
我是警察！不許動！

……
叩！
奇怪？這些傢伙怎麼都長得怪怪的啊？
為了表演，牠們都戴著假髮……
叫牠們脫下來，就會原形畢露了。

假髮脫下來！
報上你們的真
實姓名。
沙沙……
我是團長，
食蚜蠅！
我是貝斯手，
虎天牛……
我是鼓手，
鹿子蛾！

# 蜂樂團小檔案

## 團長

| | |
|---|---|
| **姓名** | 食蚜蠅 |
| **分布** | 平地到中海拔山區，經常在花朵上方盤旋，以花粉和花蜜為食。 |
| **特徵** | 身體外形酷似胡蜂，但是仍有一般蠅類的共同特徵——巨大的複眼和一對翅膀。 |

## 貝斯手

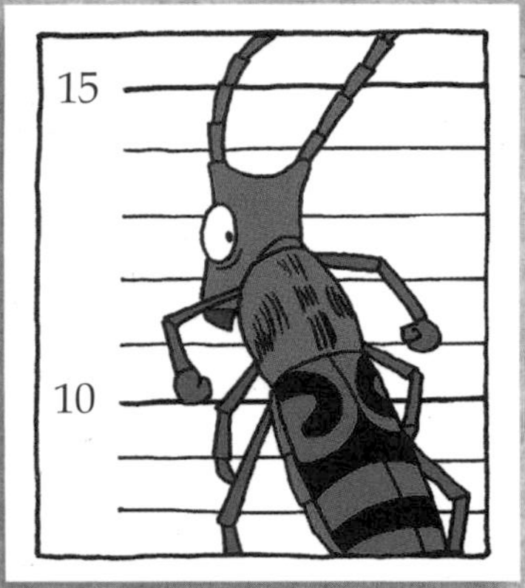


| | |
|---|---|
| **姓名** | 虎天牛 |
| **分布** | 中低海拔山區，喜歡訪花吸蜜 |
| **特徵** | 具有像蜂類一樣的黃黑條紋，但具有鞘翅，而非蜂類的膜翅，頭上頂著天牛特有的長觸角。 |

（單位：公釐）

## 鼓手

（單位：公釐）

| | |
|---|---|
| **姓名** | 鹿子蛾 |
| **分布** | 平地到低海拔山區，喜歡訪花吸蜜。 |
| **特徵** | 外形模仿蜂類，黑褐色翅膀上具有許多透明的「空窗」。但是腹部平直，不像真正的蜂類具有細腰；而且是捲吸式口器。 |

**犯罪嫌疑**

仿冒胡蜂的警戒色，在花叢間招搖撞騙

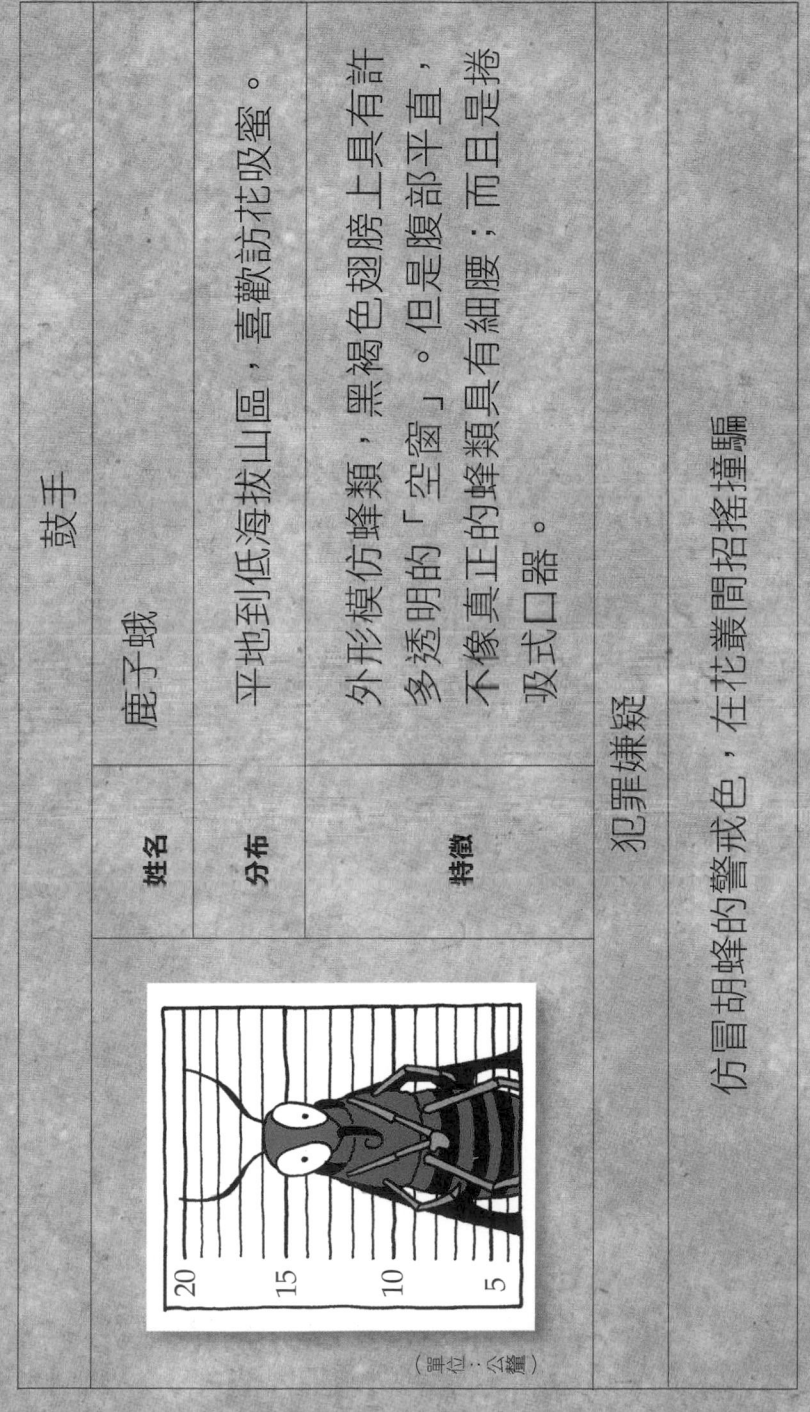

說！你們為什麼仿冒胡蜂的警戒色？難道你們不知道那是蜂類的「專利」嗎？
對啊！
就是說嘛！
是誰規定的？我們也喜歡這種顏色，不行嗎？
其實也對……
我如果打扮成這樣出道，應該會變成國際巨星……

不對不對！仿冒別人，就是不對！
你們不能改成別的顏色嗎？
像是……
黑白配……
黃配藍……
紅配綠……
噁！紅配綠，狗臭屁……
為什麼？
當然不行！

：黃黑條紋才是蜂類的正字標記，許多動物和昆蟲一看到我們身上的黃黑條紋，就會聯想到胡蜂的螫針，所以不敢攻擊我們；要是換成其他顏色，就沒有保護的效果了！

：那你們應該靠自己的力量保護自己。為什麼要冒用別人的招牌呢？

：這是沒辦法的事……。我們三個除了會飛以外，天生就沒有防身武器，所以不借用胡蜂的警戒色，出門很容易被欺負！

如果身上沒有條紋
嘿嘿，好像很好吃！
身上有了黃黑條紋
嘻，騙倒你了吧！

這種「狐假虎威」的招術，不戰而屈人之兵，其實還挺高明的。
嘻嘻，多謝誇獎。
我們這招叫做「貝氏擬態」！
書上有寫喔！你看……
喔？
哼！
%&@#$……

## 關於警戒色的兩種擬態

### （一）「貝氏擬態」

1863 年，英國博物學家貝茨（Henry Walter Bates）發現到：有些不具毒性的昆蟲會模擬具毒性昆蟲的花紋或警戒色，以避免被鳥類或其他天敵吃掉。這種自我保護的擬態行為，後來稱為「貝氏擬態」。

嘻嘻，其實我沒有毒；只要模仿有毒蝴蝶的外形，我就安全了！
噁～以後再也不吃這種花紋的蝴蝶了……

## （二）「穆氏擬態」

1878 年，德國動物學家穆勒（Fritz Müller）也提出另一種擬態行為：數種具有類似毒性的動物，共同演化出類似的警戒色，以加強、放大天敵對這種警戒色的恐怖印象，對所有擬態的生物都有好處，稱為「穆氏擬態」。

因此，蜜蜂、胡蜂等不同的蜂類彼此擬態，共同展示黃黑條紋的警戒色，屬於「穆氏擬態」；而其他無毒的昆蟲擬態蜂類的現象，則為「貝氏擬態」。

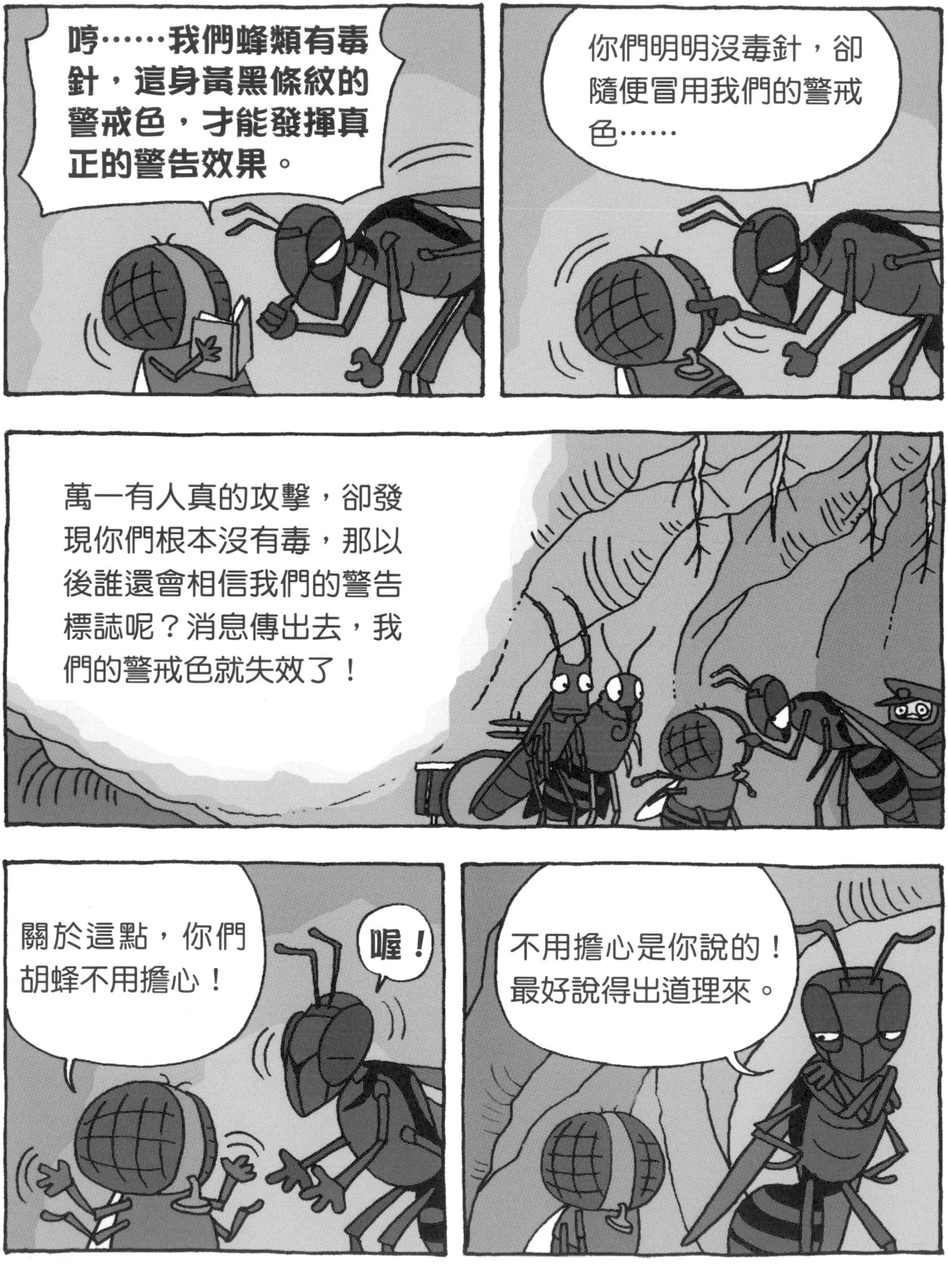
哼……我們蜂類有毒針，這身黃黑條紋的警戒色，才能發揮真正的警告效果。
你們明明沒毒針，卻隨便冒用我們的警戒色……
萬一有人真的攻擊，卻發現你們根本沒有毒，那以後誰還會相信我們的警告標誌呢？消息傳出去，我們的警戒色就失效了！
關於這點，你們胡蜂不用擔心！
喔！
不用擔心是你說的！最好說得出道理來。

我們早就知道這點，所以在「貝氏擬態」中，模仿別人的生物會比被模仿的稀少很多，這樣才不會破壞警戒色的功效。
嗯
嗯
嗯
你是說……你保證你們這些冒牌貨，不會砸了我們的金字招牌？
大哥拜託……
幫幫忙……
我們手無寸鐵，純粹只是想保護自己，就請您通融一下，不要再追究了吧？

警察大人，你的看法呢？
呃～
看我的眼睛……
Bling～
Bling～
喲呼～
好吧！那就放你們一馬……
耶！
老兄！一起唱歌慶祝吧！

## 我的辦案筆記

報案人：胡蜂

報案原因：蜂狂搖滾樂團的成員仿冒胡蜂的警戒色

調查結果：

1. 食蚜蠅、虎天牛和鹿子蛾擬態成蜂類，目的是嚇走鳥類和其他天敵，這種現象是「貝氏擬態」的一種。

2. 除了蜂狂搖滾樂團的成員以外，仿冒胡蜂的還有花金龜、大蚊、蝗蟲、透翅蛾等，胡蜂決定全都不追究。

3. 建議蜂狂搖滾樂團的三位團員，屁股加裝一根針，模仿程度接近百分百。

調查心得：

假仿冒，真求生；擬態是假，奮鬥是真；
求生奮鬥，自強不息，
動物世界，處處驚奇。

無罪

# 龜嘴裡的祕密

啊～
唉，打擊犯罪還真累～
呃
右扭～
左扭～
對了！到水裡找東西吃，補充補充體力……

噗通！
有什麼好吃
的呢？
有了！
石頭上有隻紅
色小蟲！

扯—
哇~~
好痛！！
咔嗞！
#%&@$……
嗚……
石頭竟然會咬人？
啊？而且還會說話？
我不是石頭！
是鱷龜！

可惡的鱷龜！
幹麼咬我？
是你先咬我的！還惡人先告狀……
嗚……
你少亂講，剛才我明明在抓蟲吃……
你看！
那隻蟲就是我的舌頭。受傷了，賠我醫藥費！
嗯……難道是故意勒索……

嘻嘻！錢來也……
歹勢！歹勢！
這個壞蛋……

哼！
詐騙集團
現行犯！走！
跟我回派出所！

# 鱷龜小檔案

（單位：公分）

| | |
|---|---|
| 姓 名 | 鱷龜 |
| 年 齡 | 30 歲（鱷龜的壽命頗長，大約 12 歲成年，人工飼養的鱷龜還可以活到 70 歲。） |
| 分布地帶 | 美國東南部水域。 |
| 特 徵 | 是全世界最大的淡水龜。嘴巴像鷹嘴般尖銳，龜殼有小山狀的突起，而且經常長著綠色藻類，遠遠看就像水底的一塊石頭或一截木頭。 |
| 犯罪嫌疑 | 故意用舌頭偽裝成小蟲，引誘別人來吃，再趁機勒索醫藥費。 |

什麼詐騙集團？我在釣魚！釣魚也犯法嗎？
想騙我……
釣魚是不犯法。可是你看你……沒拿釣竿……也沒帶魚餌……
想騙我英俊瀟灑的達克比阿 sir，門兒都沒有！
說錯什麼嗎？
讓我死了吧……
抽搐～抽搐～

好吧！既然你是警察，我就老實說了……其實我帶著祕密「魚餌」，但……
千萬別告訴別人！被人家知道，我就捕不到魚了……
廢話少說！證據交出來。
扭～
扭～
這就是我的魚餌……
我們的舌頭天生長得像蟲，剛好可以用來當魚餌。
我的初吻……嗚……

# 動物界的天才小鈎手

除了鱷龜之外，躄魚、角蛙、鷺鷥和非洲黑鷺也是動物世界的優秀「釣手」。牠們有的利用「擬態」的身體構造來引誘獵物，有的拿環境中的材料來騙獵物上鉤，這些利用「假餌」的行為雖然各有不同，但是都能減少追逐獵物的勞累，也能避免和獵物打鬥時受傷，省下許多力氣和能量。

## 躄魚

背鰭的第一根棘條演化成「釣竿」，釣竿末端的肉條則像小蟲、小魚或小蝦，引誘覓食的小魚上鉤。

## 角蛙

偶爾會將後腳抬到背上，然後不停的抖著第四、五根腳趾頭，偽裝成蠕動的小蟲，以吸引路過的獵物。

## 鷺鷥

會把撿來的羽毛丟在水面，讓水中的小魚誤以為是浮在水面的昆蟲，而自動靠過來吃，鷺鷥便能輕易抓到小魚。

## 非洲黑鷺

圍起雙翅在水上製造陰影；想要躲開炙熱陽光的小魚就會聚集到陰涼的影子下，不小心成為黑鷺的點心。

等等……
??
用舌頭釣魚好方便喏！可以教我嗎？
那有什麼問題！
感動
難得有人欣賞我鱷龜家族的釣魚絕學。
好！先像這樣把嘴巴張開，啊——
啊——

然後身體不動，舌頭輕輕扭啊扭……
啊——
快速扭動
……小魚就會誤以為那是好吃的蟲，慢慢被吸引靠過來……
來啊～來啊～
耶，有蟲吔！
快去吃！
……等魚進入嘴巴的攻擊範圍，就瞬間閉上……
啊～原來是陷阱！
咔！

YES ！
小魚一隻，
輕鬆搞定！
怎麼樣？
很簡單吧！
！！
那隻胖鴨子，
在發什麼呆
啊？
可憐……
大概是下巴
脫臼吧？
嘻嘻，
好呆……
好好笑！

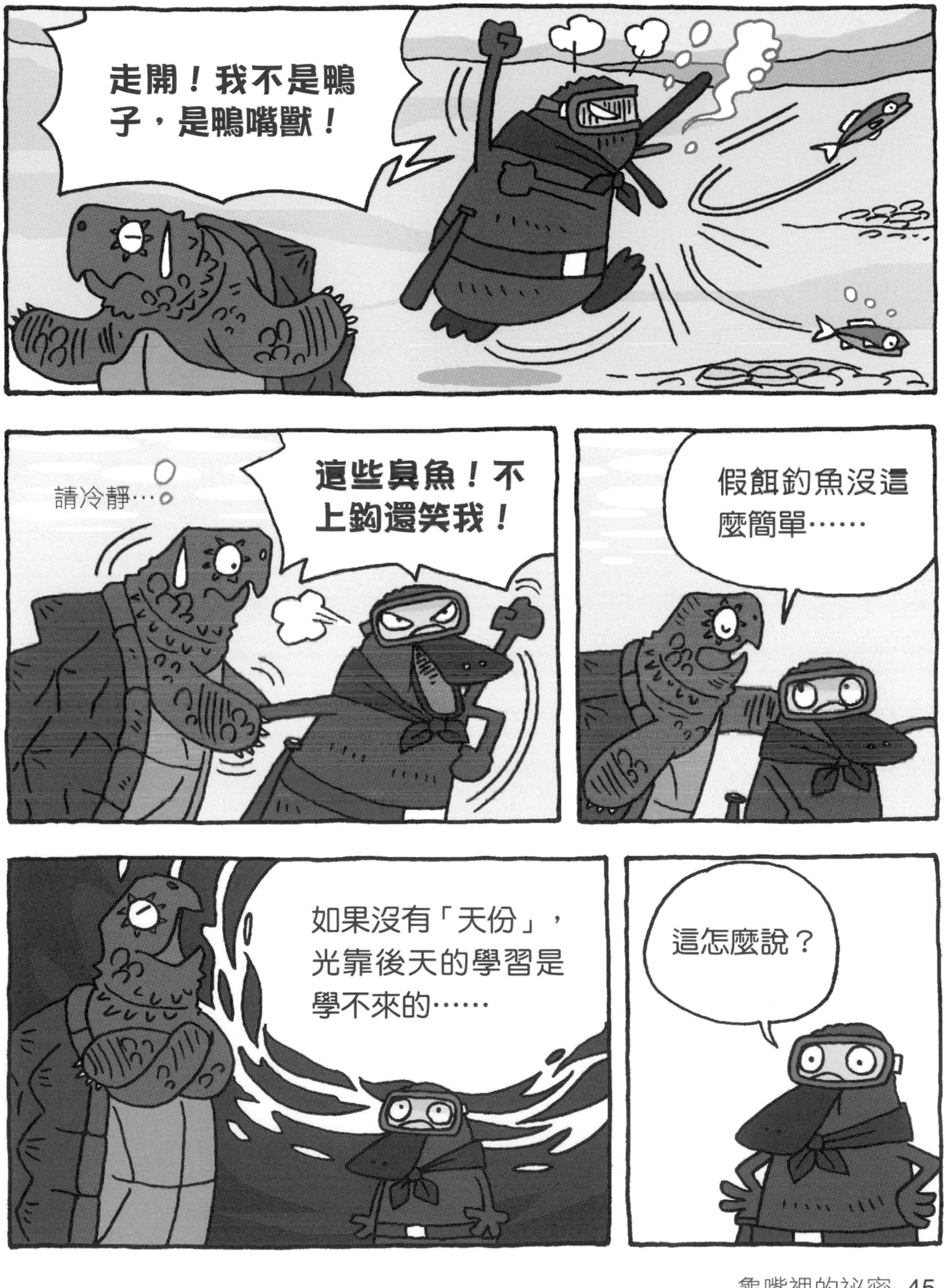
走開！我不是鴨子，是鴨嘴獸！
請冷靜…
這些臭魚！不上鈎還笑我！
假餌釣魚沒這麼簡單……
如果沒有「天份」，光靠後天的學習是學不來的……
這怎麼說？

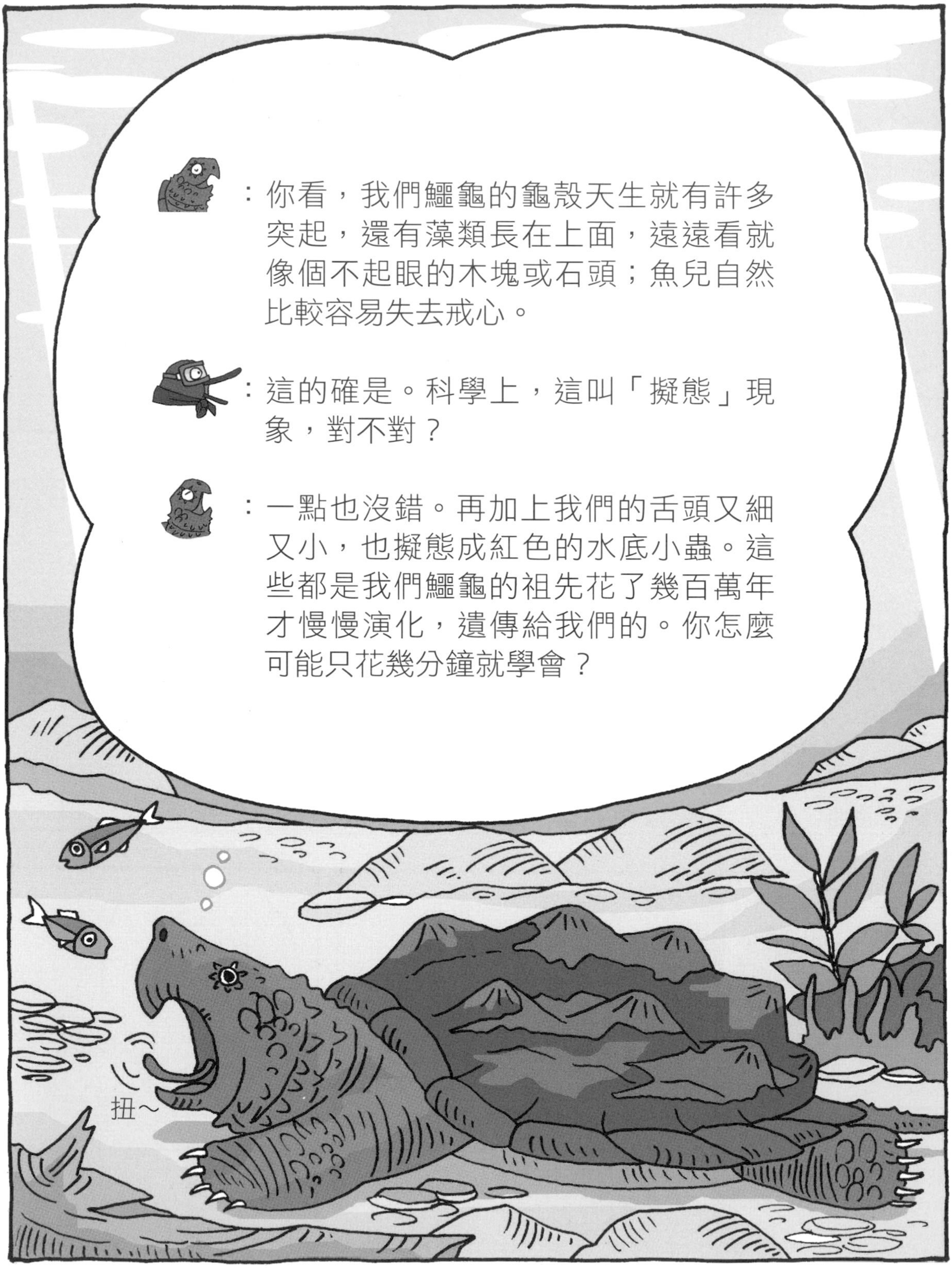
：你看，我們鱷龜的龜殼天生就有許多突起，還有藻類長在上面，遠遠看就像個不起眼的木塊或石頭；魚兒自然比較容易失去戒心。
：這的確是。科學上，這叫「擬態」現象，對不對？
：一點也沒錯。再加上我們的舌頭又細又小，也擬態成紅色的水底小蟲。這些都是我們鱷龜的祖先花了幾百萬年才慢慢演化，遺傳給我們的。你怎麼可能只花幾分鐘就學會？
扭～

難怪那些可惡的魚，說什麼都不上鈎！
還不只這樣……
不只外形要「擬態」，動作也要「擬態」成石頭才行。
我知道！一、二、三，「石」頭人！動的人當鬼！
很好！不要動！氣也要憋住喔！四十分鐘很快就過去了……
鱷龜為了逼真的「擬態」成水底的石頭或木頭，能在水底靜靜不動的待上四、五十分鐘，完全不用換氣。
舌頭好痠……

滴……
好想睡覺……
晃～
用樹枝撐住
好了……
抖～
大家來
看喏！
那隻胖鴨
子又在搞
笑囉！
嘻嘻……
我說過了，
我不是鴨子！
滾～～

抓狂～
阿 Sir！冷靜！
你是警察……
我不學啦！
呼～呼～
……
想吃小魚就
去追！
幹嘛還「擬態」
不「擬態」的
啊？真麻煩！
別走……
話可不能這
麼說啊……

……動物會選擇用「擬態」的方式求生存，一定有特殊的理由！
那鱷龜的理由是什麼？你說說看！
我們鱷龜的龜殼很重，動作又慢，如果背著龜殼到處去捕食……
鏘
……實在太累人了！
哈哈，抓不到……
還是利用假餌釣魚的「擬態」行為比較適合我們，既能節省體力，又能降低被天敵發現的機率。
輕鬆

原來是這樣。
你們鱷龜真是動物世界的釣魚高手，今天遇到你，很有收穫。
哪裡！哪裡！過獎了。
謝謝。從你身上，我學到不少東西。
啾啾
媽媽教我，凡事要舉一反三……
學鱷龜的方法泡妞看看……嘻嘻！

啊～
有蟲！
嘿嘿～
啾～
哈哈
我真是天才！
美女快來吧！
這麼快就上
鉤了？
喔喔～這妞未免
也太熱情了吧？

## 我的辦案筆記

報案人：我自己

辦案原因：被鱷龜先生咬傷嘴巴

調查結果：

1. 鱷龜用「舌頭」當作假餌釣魚，是節省體力的覓食行為，不是為了勒索別人。

2. 鱷龜的舌頭擬態成小蟲，是經過漫長時間演化的結果，一般的動物想學也學不來。

3. 下次想吃紅色小蟲之前，先用樹枝戳戳看，確定不是鱷龜的舌頭，才不會和鱷龜互咬。

調查心得：

見山是山，見水是水；
見石頭是鱷龜？見小蟲不是蟲！

無罪

# 真假魚醫生

鈴

鈴鈴

喂～動物派出所，
你好！

我是海裡的大沙魚！我要報案！
好的，請說。
我們這裡的魚醫院有個變態醫生，趁著治療我的時候，偷吃我的肉……
啊？!
恐怖食人魔

……偷喝我的血……
吸血鬼……
還撕咬我的皮膚……
剝皮煞星？
喂！你是恐怖片看太多，腦筋秀逗啦？
嗯？有嗎？

什麼嘛！是真的！你們快來調查就對了！
%&@#$……
……
嘟……
可惡！醫生不好好當，竟然欺負病人！
看來我得下海一趟，把這個變態醫生揪出來！

嘩～
嘿！
噗通！

找到了！前面就是魚醫院……

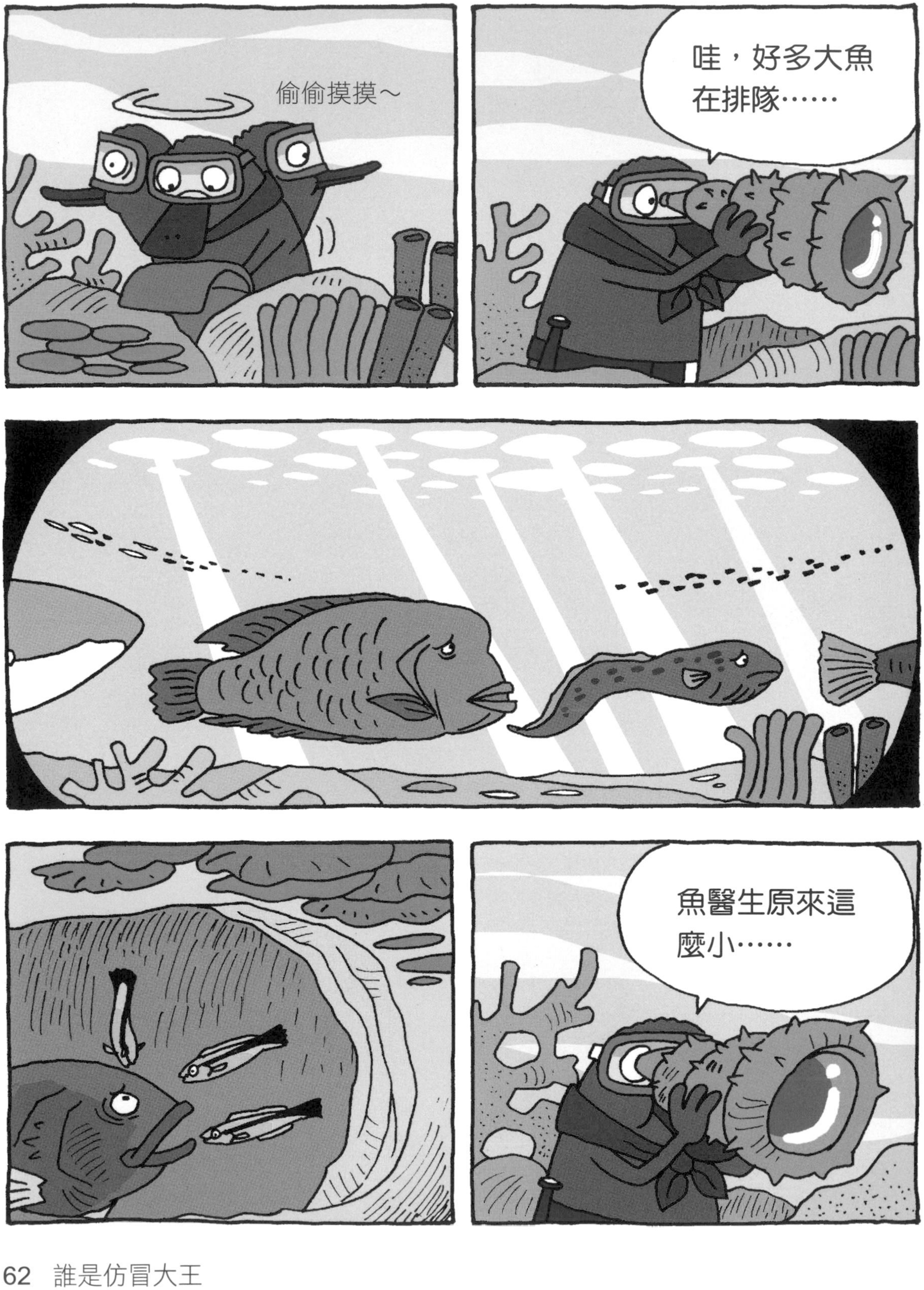
偷偷摸摸～
哇，好多大魚在排隊……
魚醫生原來這麼小……

是我自己想太多了……
裂唇魚，具有幫助其他魚類清理傷口、去除死皮和寄生蟲的習性，所以又被稱為「魚醫生」。魚醫生所居住的珊瑚礁區，經常擠滿前來求診的各種魚類，就像「魚醫院」一樣。
糟糕……每個醫生都長得一樣……
要怎樣才能揪出那個變態狂呢？……

啊！有了！
穿上魚皮衣，假裝成病人……
鏘！
鏘！
嘻嘻！只要有人咬我，馬上把他抓起來！我真天才！
嗚……有手真方便……

不會有人認出我吧……
是有點明顯……
輪到你囉！
請問您哪裡不舒服？
呃……

人家這裡
癢癢……
抓抓～
那裡痛
痛……
%&@#$……？
奇怪……
這什麼怪魚？
毛真多！
大概是長癩
痢頭吧……
嘖嘖，皮
膚病真可
憐……
動手吧！先
做一次全身
清潔，再來
診斷。
你們負責那邊！
我負責這邊。
會有點癢！
要忍耐喔！

啊哈哈哈～
不要搔我胳肢窩……
嘻嘻，屁股好
癢好癢……
呵呵，沒
想到挺舒
服的……
啊～
痛～
唔，
糟糕！
啊哈！抓到你這
個變態了！這下
有什麼話好說？

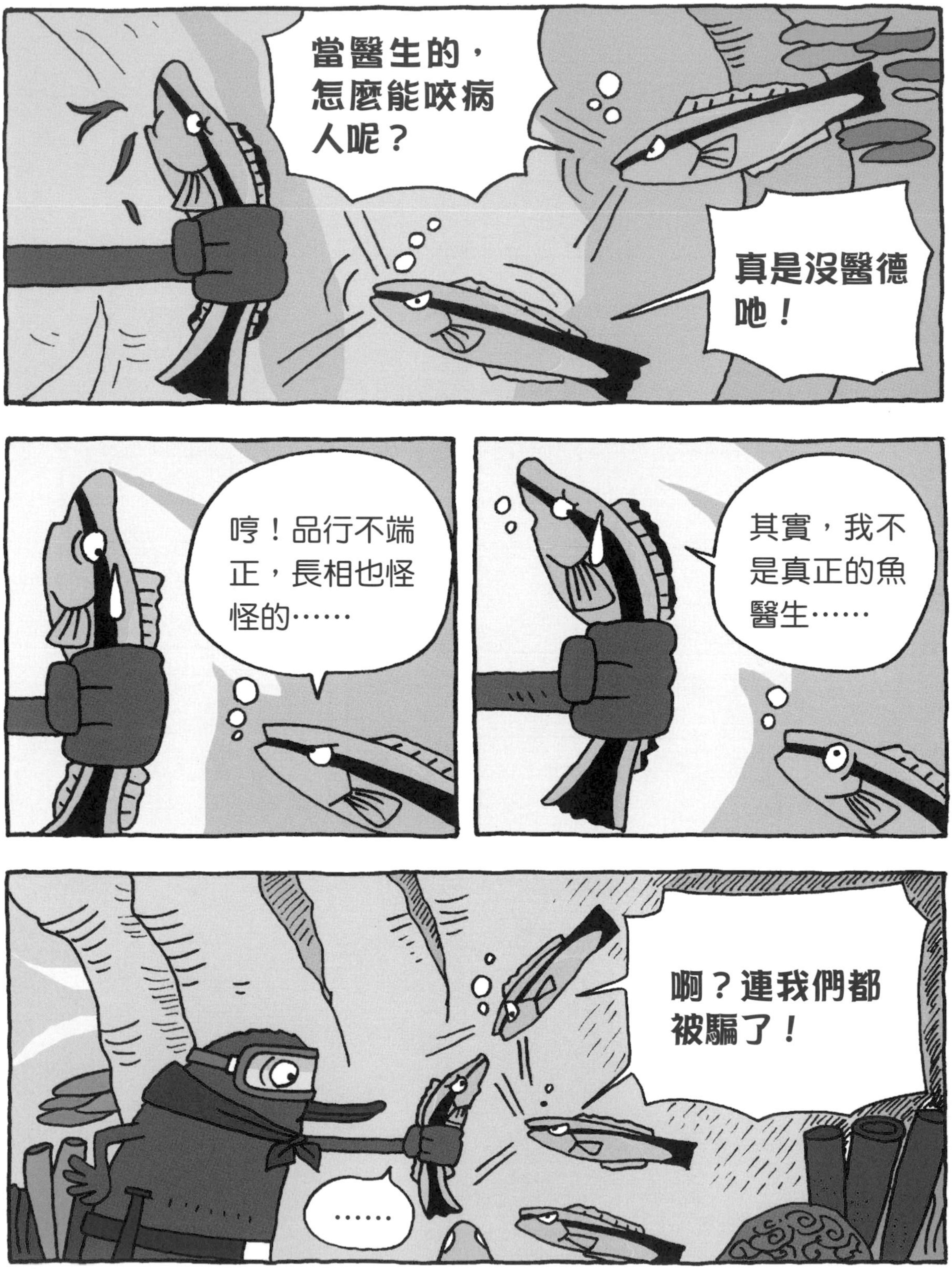
當醫生的，
怎麼能咬病
人呢？
真是沒醫德
吔！
哼！品行不端
正，長相也怪
怪的……
其實，我不
是真正的魚
醫生……
啊？連我們都
被騙了！
……

# 假魚醫生小檔案

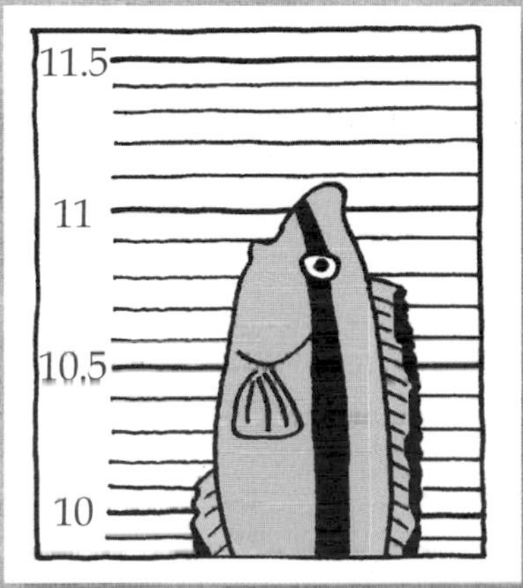


（單位：公分）

| | |
|---|---|
| 姓 名 | 縱帶盾齒鳚 |
| 綽 號 | 假魚醫生 |
| 分布地帶 | 印度洋、太平洋之珊瑚礁海域 |
| 特徵 | 外型「擬態」成真魚醫生─裂唇魚的模樣 ，吻端呈肉質的圓錐形，而且嘴巴位於下方。 |

## 【假魚醫生和真魚醫生的差別】

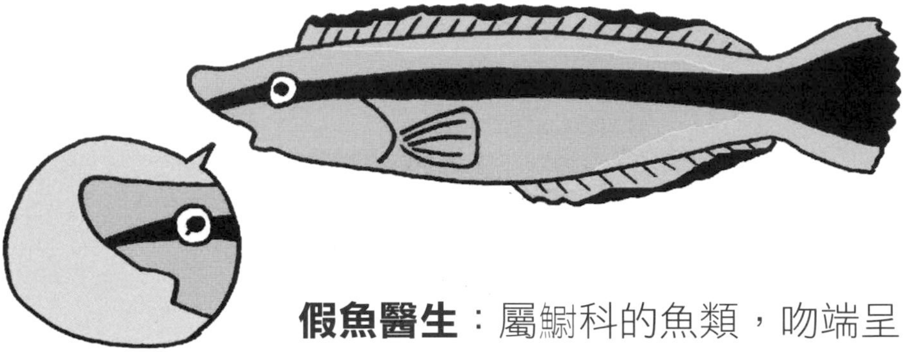

**假魚醫生**：屬鳚科的魚類，吻端呈圓錐形，嘴巴位於下方。睡覺時，喜歡躲在洞裡。

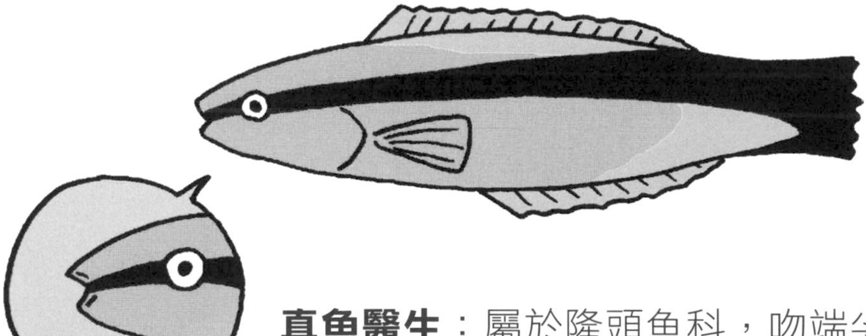

**真魚醫生**：屬於隆頭魚科，吻端尖尖的，嘴巴位於中間。睡覺時，會利用黏液製作透明泡泡，把自己包起來安心休息。

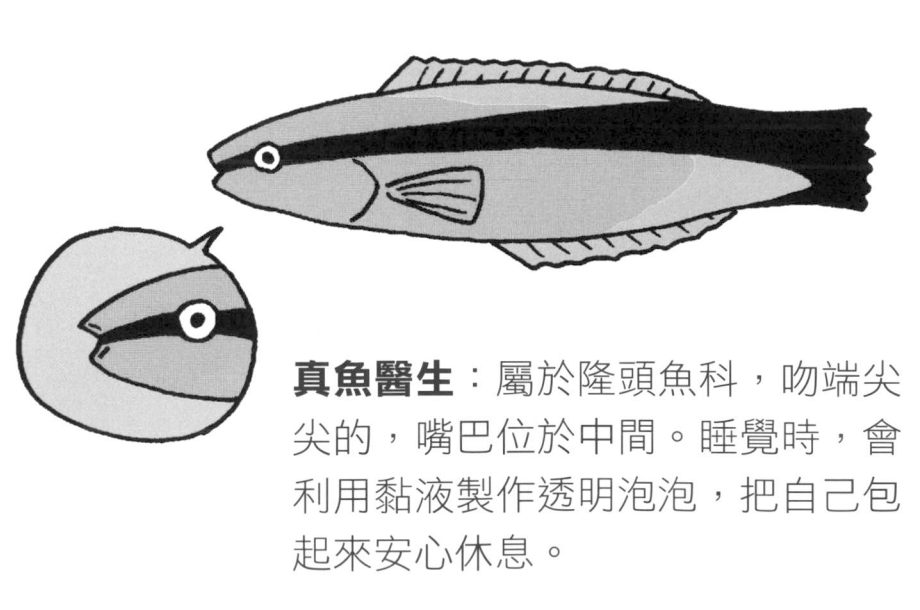

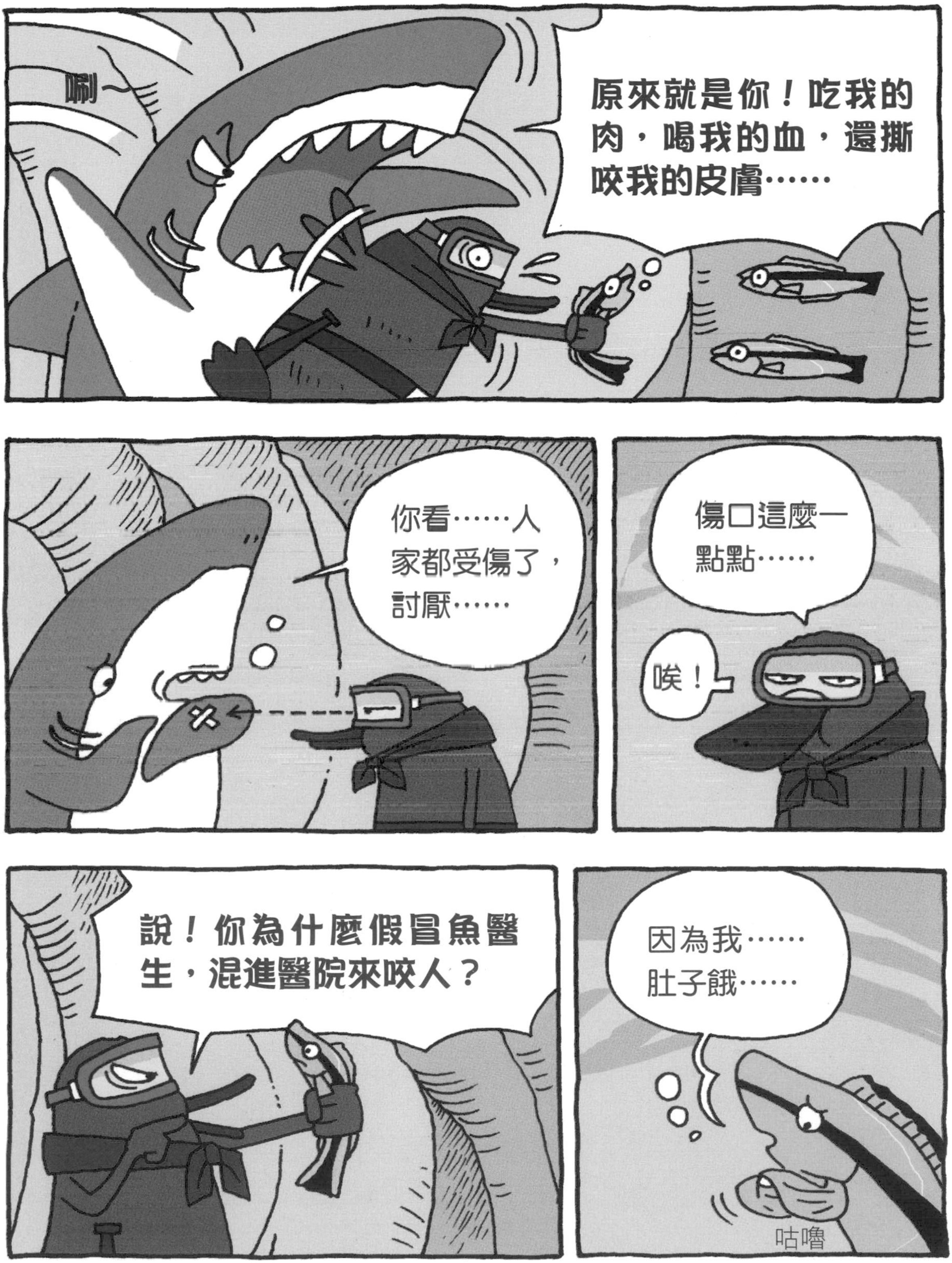
唰～
原來就是你！吃我的肉，喝我的血，還撕咬我的皮膚……
你看……人家都受傷了，討厭……
傷口這麼一點點……
唉！
說！你為什麼假冒魚醫生，混進醫院來咬人？
因為我……肚子餓……
咕嚕

：肚子餓，應該光明正大去找東西吃！怎麼能用這種偷偷摸摸的招術？
：其實這招叫做「攻擊性擬態」，就是利用偽裝，使獵物失去戒心，然後趁機靠近，加以攻擊。
：所以，你就偽裝成魚醫生的模樣，博取信任，然後趁大魚不注意時，咬一口就跑？
：是啦！因為我們羨慕魚醫生靠著吃掉大魚身上的死皮、寄生蟲，輕輕鬆鬆就能填飽肚子。所以我們才想模仿魚醫生，撈點好處……

# 大魚與魚醫生的互利共生

「大魚吃小魚」是大自然常見的現象，可是，珊瑚礁區的大魚們，不但不會吃掉魚醫生，平常還會特別保護牠們。

因為大魚沒有「手」，要依賴魚醫生用嘴巴為牠們清掉死皮、潰爛的傷口組織、牙縫裡的碎屑，或魚鱗、魚鰓裡的寄生蟲。

但是，魚醫生為什麼甘願為大魚們免費服務呢？原來，魚醫生在為大魚治療的過程中，能以大魚的爛肉、死皮或寄生蟲餵飽自己。這種關係對雙方都有好處，所以稱為「互利共生」。

不只為了填飽肚子，珊瑚礁區的大魚很多……
我們的體型這麼小，很容易被吃掉……
但是大魚們不會傷害魚醫生，甚至還會保護魚醫生。
……
所以，我們偽裝成魚醫生，出門在外也比較不會被欺負。
說得好像蠻有道理……

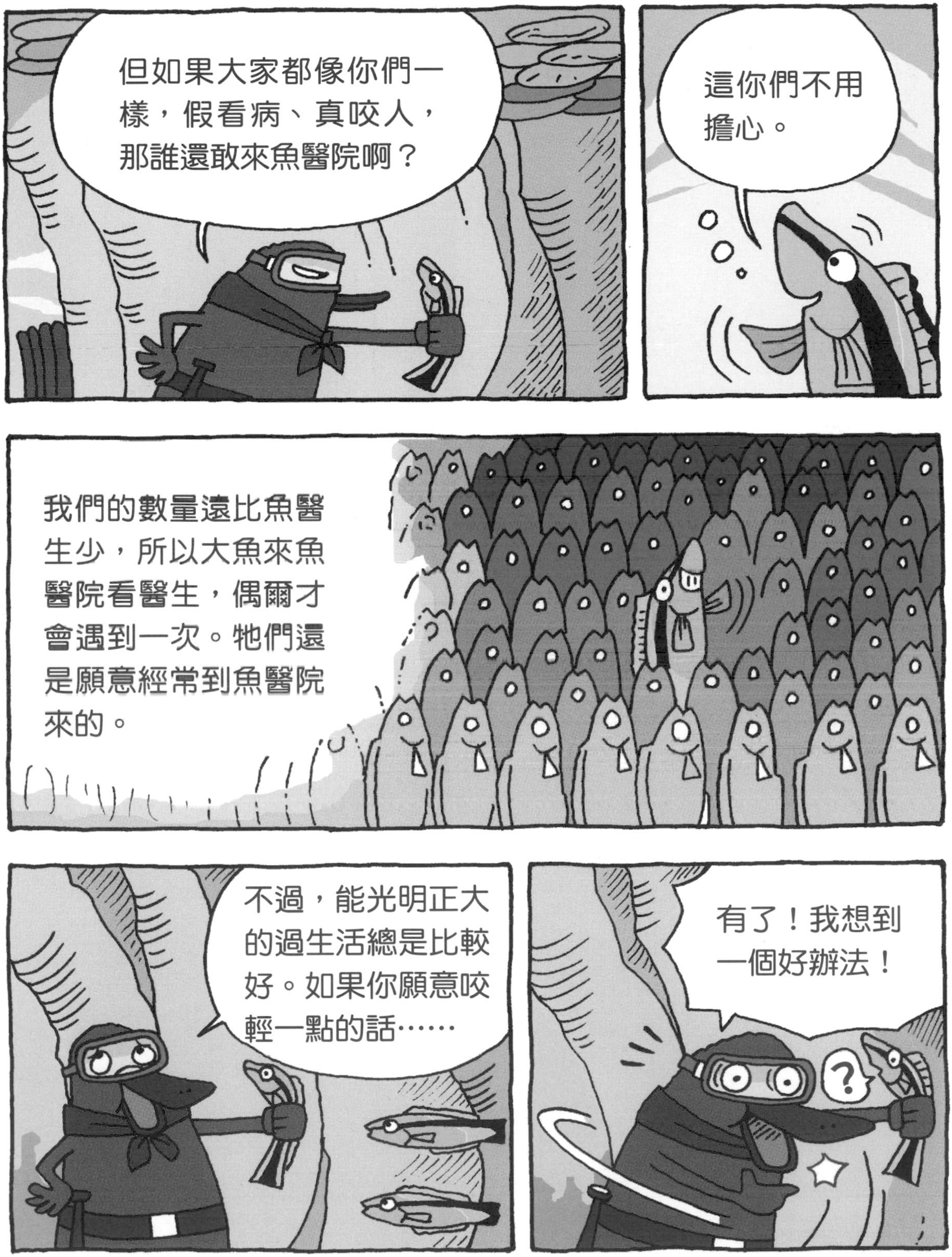
但如果大家都像你們一樣，假看病、真咬人，那誰還敢來魚醫院啊？
這你們不用擔心。
我們的數量遠比魚醫生少，所以大魚來魚醫院看醫生，偶爾才會遇到一次。牠們還是願意經常到魚醫院來的。
不過，能光明正大的過生活總是比較好。如果你願意咬輕一點的話……
有了！我想到一個好辦法！
?

唧！
唧！
唧！
哐～
腳部美
一次10元
？
腳部美容
一次10元
你有沒有覺得味道怪怪的……
噁！這傢伙有香港腳～
腳部美容
一次10元

## 我的辦案筆記

報案人：大鯊魚

報案原因：假魚醫生偷吃病人的肉

調查結果：

1. 假魚醫生偽裝成真魚醫生，只是為了換取輕鬆得來的食物和大魚們的安全保護，是動物界另類的求生策略，不是變態行為。

2. 大鯊魚的小傷口已經癒合，他表示下次再到魚醫院，有信心認出假魚醫生，並把他趕走。假魚醫生，要小心了！

3. 假魚醫生開設的「腳部美容站」廣受歡迎，終於可以正正當當的吃個飽，不用逃跑。

調查心得：

真魚醫生超人氣，假魚醫生惹人氣，
偷雞摸狗占便宜，不如真心換友誼。
——為了生存嘛，沒辦法！

無罪

# 尋找大便鬼

啾～
啾～
噗咚！
ZZZ
咚！
呵～

好無聊……
噠！噠！噠！
噠！噠！噠！
噠……
呼～
蝸牛爺爺，
您怎麼啦？

我要報案！
昨天晚上我走
在森林西路……
走到一半，突
然聽到一陣怪
聲……
喂——
這地方
陰森森的，
快走……
!
咦？是不是壓
到什麼東西？
還好，只是一
坨鳥大便……

壓一到一人一
不用道歉嗎？
不要懷疑，
說話的就是
我。
？
鳥大便會說話？
啊～有鬼啊～
有鬼……
嚇到尿褲子……
……
唉～
害我心臟病
都發作了……

你一定要幫我
**主持公道！**
**可惡！**
是誰裝成大便鬼嚇人？
**看我達克比出動！把裝神弄鬼的壞蛋揪出來！**
啾～
啾～
樹林裡到處都有鳥大便……

咻～
這該怎麼
著手調查呢？
啪！
啪！
?
?
沙沙……
?
喂！
故意不回答，
就踩囉！

?
吸
吸
噁～
是真的大便！
臭死啦～
請問……
會說話的
大便，
你在哪裡？

哈囉！
哈囉！
哈囉！
嗨！
?
唉喲！好痛！
你怎麼走路不長眼？差點把我擠扁了！
哼！

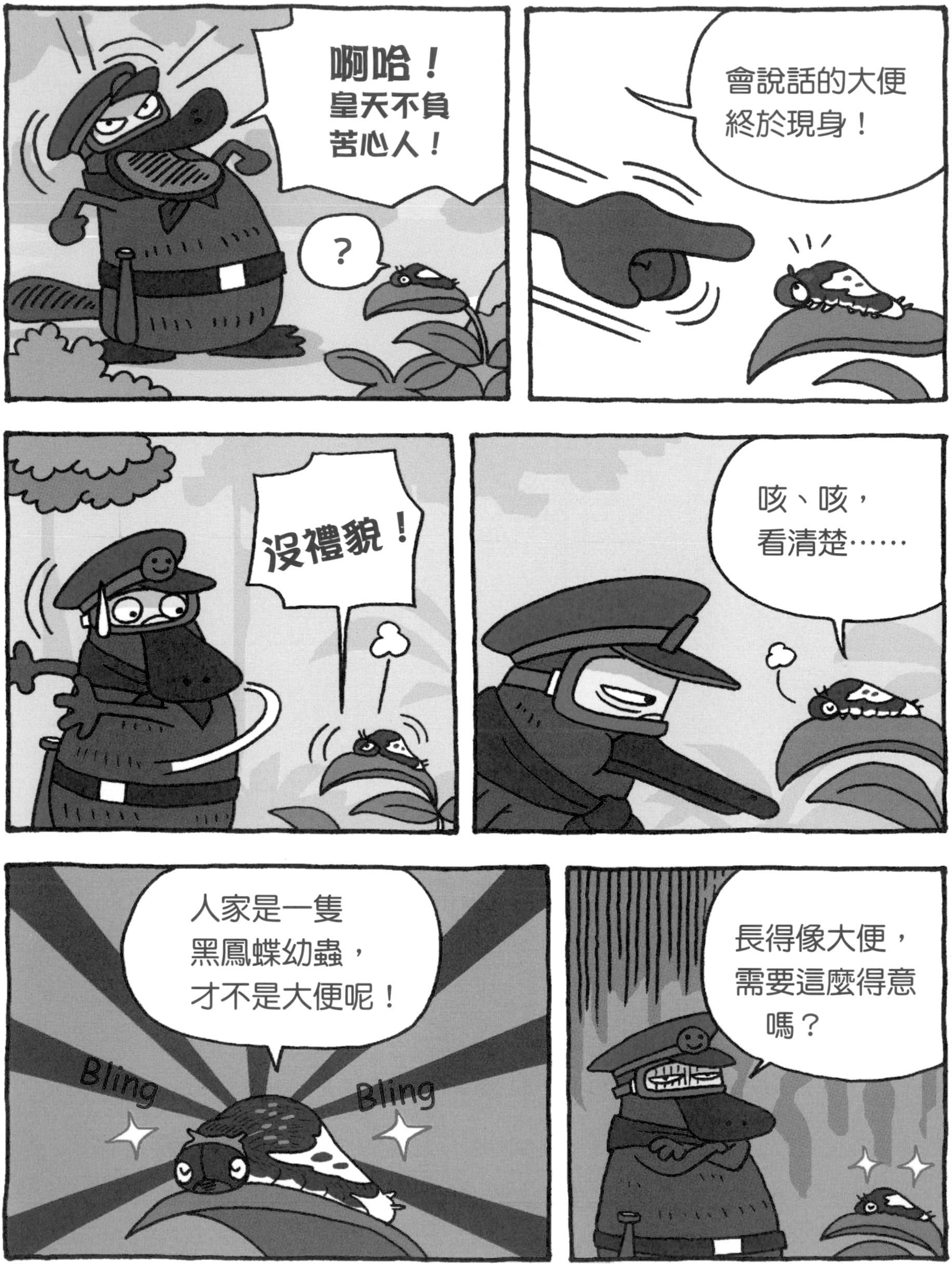
啊哈！
皇天不負
苦心人！
？
會說話的大便
終於現身！
沒禮貌！
咳、咳，
看清楚……
人家是一隻
黑鳳蝶幼蟲，
才不是大便呢！
Bling
Bling
長得像大便，
需要這麼得意
嗎？

# 黑鳳蝶幼蟲小檔案

(單位：公分)

| | |
|---|---|
| 姓名 | 黑鳳蝶 |
| 年齡 | 三齡幼蟲（幼蟲期共分五齡，第三齡約是出生後四、五天） |
| 分布地帶 | 臺灣全島，平地郊區到低矮的山區都可見到。 |
| 特徵 | 一～四齡幼蟲都長得像鳥糞。 |
| 犯罪嫌疑 | 裝神弄鬼、妨害公共安全 |

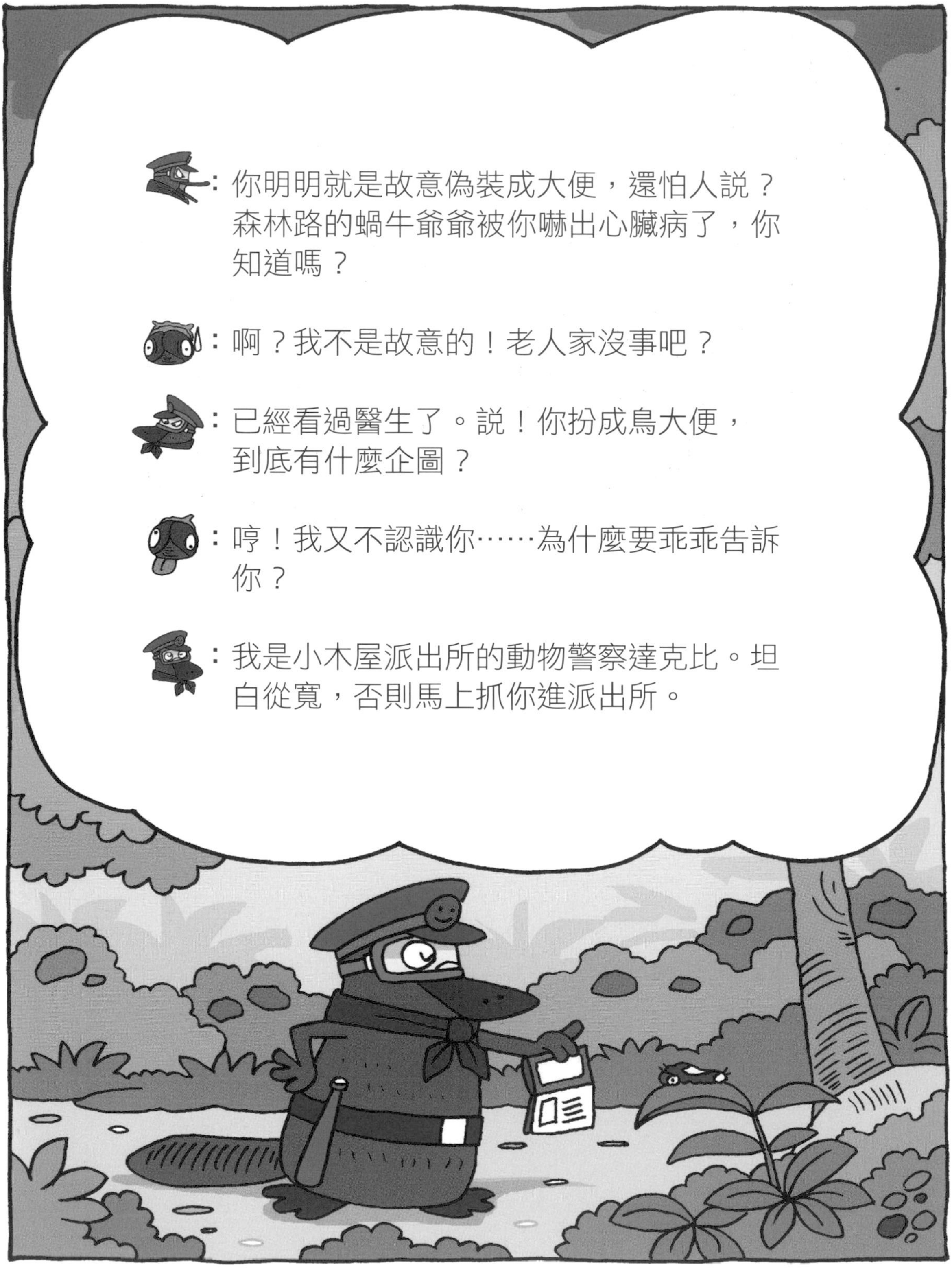
：你明明就是故意偽裝成大便，還怕人說？森林路的蝸牛爺爺被你嚇出心臟病了，你知道嗎？
：啊？我不是故意的！老人家沒事吧？
：已經看過醫生了。說！你扮成鳥大便，到底有什麼企圖？
：哼！我又不認識你……為什麼要乖乖告訴你？
：我是小木屋派出所的動物警察達克比。坦白從寬，否則馬上抓你進派出所。

幹麼這麼凶！又不只有我這樣。
世界上有很多鳳蝶的幼蟲都會假裝成大便……
這是動物世界常見的「擬態」行為！你有沒有常識啊？
「擬態」就是模擬形態的意思；也就是一種生物偽裝成環境或其他生物的樣貌，用來隱藏自己或騙過敵人的行為。
啪！
……
咦？真的長得都一樣！

叩！
痛～
可是你年紀輕輕不學好，偏要偽裝成大便嚇人，到底是為什麼？
要知道原因，你先回答我一個問題……
你，想吃自己的大便嗎？
噁～誰會想啊？
這就對啦！鳥類是我們蝴蝶幼蟲最大的天敵，所以我們假裝成鳥大便，鳥兒就算看到我們也不會想吃，這是我們自我保護的方法。
好險……

那你們不能躲到葉子背面嗎？像這樣站在葉面上很容易嚇到別人耶！
真正的鳥大便從空中落下時，一定是掉在葉面上，哪有掉在葉子背面的道理？
要學就要學得徹底，連位置也要正確才行。
唉～但是，「誠實」很重要……
小朋友還是不要騙人的好。
……
我們也是不得已的。我們毛毛蟲不會飛，也爬不快，全身上下又沒有可以抵抗的武器，所以沒有比「騙」更好的方法……
……
只要騙過鳥兒，我們就能輕輕鬆鬆的不斷吃東西，不用浪費時間和體力對付天敵，用最快的速度度過幼蟲期。

# 鳳蝶幼蟲的防身三招

不同的蝶類有不同的防身方式，而鳳蝶一到四齡的幼蟲和老熟的五齡幼蟲也有不同的防身術。

一到四齡的鳳蝶幼蟲身體很小，可以擬態成「鳥糞」的模樣，以避免被鳥類吃掉。

可是到了第五齡，幼蟲的長度（三到五公分）已經大過一般的鳥糞，不適合再偽裝成糞便，所以幼蟲進入五齡以後，身體會轉變成翠綠色，而且頭部膨大，兩側具有明顯的眼紋，目的就是偽裝成「小蛇」來嚇走鳥類；如果還是不幸被發現，受到驚嚇的幼蟲還會伸出「臭角」，發出奇特的味道來驅趕天敵。

**招式一**：偽裝成鳥大便

**招式二**：擬態成小蛇

五齡（**幼蟲**）

**招式三**：伸出臭角

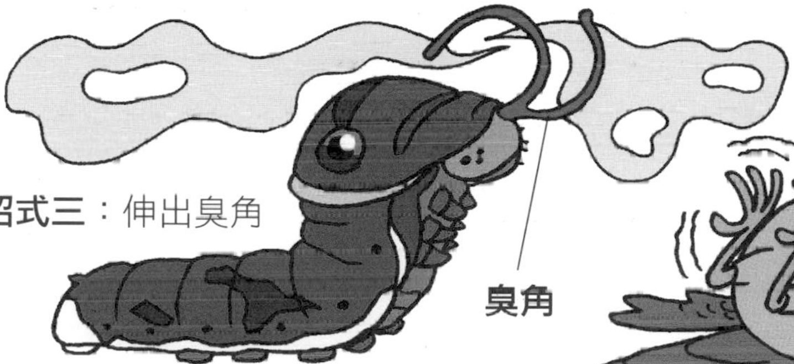

所以偽裝成鳥
大便是最簡單、
最省力又最不花
時間的欺敵方法。
……
是有道理！不過，
為了安全起見，
小寶寶還是跟著
媽媽比較好。
媽媽生下我們以後就飛走了，
根本沒留下來保護我們。
你們哺乳類從小
就有媽媽悉心的
照顧。
而我們昆蟲的幼蟲卻一切
都得靠自己……
……
所以我們才用偽裝
來自保，不然誰想
要長得像「大便」
啊？

嗚哇～沒人照顧的孩子真可憐……
別替我們擔心啦！
過不了多久，我們變成蝴蝶時，遇到敵人就能張開翅膀「咻」的飛走，再也不必偽裝成大便了。嘻嘻……
說得也是……
啊哈！我想到一個好辦法！
?

你要做什麼？
扮成鳥大便，陪伴你長大啊！
哪有這麼大坨的鳥大便嘛？
**噓～別吵！**
12 點鐘方向有敵人。
……
?
?
……

## 我的辦案筆記

報案人：蝸牛爺爺

辦案原因：黑鳳蝶幼蟲偽裝成鳥大便嚇人

調查結果：

1. 鳳蝶寶寶假裝成鳥糞的目的不是嚇人，而是避免被天敵吃掉。這種模仿其他生物或物體的現象，稱為「擬態」。

2. 蝸牛爺爺已經平安出院，知道是誤會一場，決定不再追究。

3. 提名黑鳳蝶幼蟲為「最佳自立自強模範兒童」，送兒童節慶祝大會表揚。

調查心得：

小鳳蝶，沒人愛，自立自強真厲害，
扮鳥糞，撇敵害，不是詐騙，是「擬態」。

無罪

# 阿拉伯狒狒的美人計

鈴！
……
鈴……
時間到啦？
?!
呵～出門
巡邏囉！

♪
♪
刷！
沙沙……
窸窸窣窣……
誰？
紅屁股？

母狒狒和母猴子一樣，進入發情期的時候，屁股會發紅、腫脹，變成「紅屁股」的模樣。

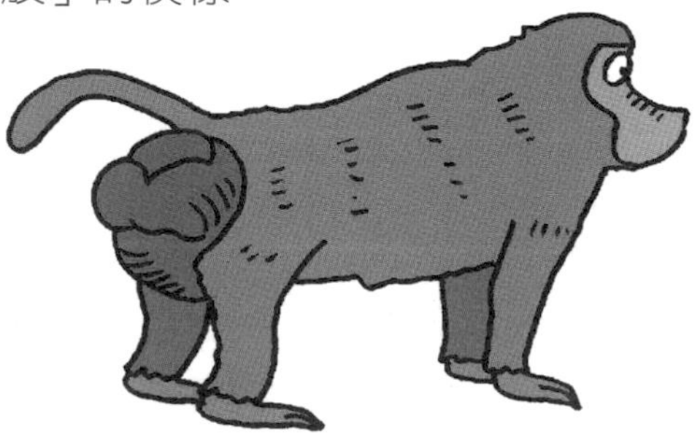

怕什麼？我是警察！不管什麼壞人，我都會保護你的！
噓……不要這麼大聲，被狒狒大王發現的話，會害我被打。
光天化日還敢打人！那不是「現行犯」嗎？馬上抓起來！
這是我們阿拉伯狒狒求偶季節的恩怨，你是外人，最好別插手。
奇怪？既然是求偶季節，狒狒王追求你都來不及了，為什麼還要打你呢？
哼！打女人算什麼英雄好漢！

原因其實
很簡單。
喔？
因為我……
不是小姐，
是先生！
呃啊～
糟糕！
昏倒了啊？

# 阿拉伯狒狒小檔案

（單位：公分）

| | |
|---|---|
| 姓 名 | 阿拉伯狒狒<br>（又稱埃及狒狒或長鬃狒狒） |
| 年 齡 | 8 歲（雄性阿拉伯狒狒大約 4.8~6.8 歲進入青春期，10.3 歲以後才算成年） |
| 分布 | 阿拉伯、埃及、蘇丹、衣索比亞和索馬利亞境內的乾燥地帶，喜歡棲息在陡峭的懸崖上。 |
| 特 徵 | 雄阿拉伯狒狒體型大，毛色黃褐中帶灰白，頭部兩側和肩背有明顯的長鬃毛。雌性的體型幾乎只有雄性的一半，毛色黃綠，沒有鬃毛。 |
| 犯罪嫌疑 | 男扮女裝、鬼鬼祟祟 |

醒醒啊！
喂！
太好了，終於醒了！
明明是男生，為什麼扮成女生騙人？說！有什麼企圖！
沒什麼企圖啦！
……
我只是打不過狒狒大王，只好……

啊～
呼～
吼～

刷～
咻！
吼……
……使出**美人計**，故意模仿「發情的母狒狒」，讓臀部變紅、腫脹。
……
嘻嘻，裝女生！
……
幹麼學我們？呵呵！

YA！大王萬歲！
……
大王好帥！
不可一世
……扮成女生就不會繼續被咬！
不然，可能會被活活咬死，後果很嚴重！

身為警察，
絕對不容許
這種暴力！
我幫你主持
正義！走！
我們去找狒
狒大王！
這……
這樣不好吧？
千萬別衝動！
你這樣做只
會害我被修
理得更慘。
啊？

：因為是我自己去挑釁狒狒王的。
：原來你……
：我們阿拉伯狒狒的社會，是由一隻最強壯的公狒狒當「王」，獨占著好幾個太太。狒狒大王很霸道，嚴格限制太太們不能跟其他公狒狒接近，害我們這些年輕的公狒狒很難討得到老婆……
：所以你為了娶太太，公然向狒狒王挑戰？
：沒錯！打贏了才有資格接管狒狒王的太太們，不然，就只能當單身光棍。

可是，說實在，那些紅紅腫腫的大屁股……，實在沒什麼美感。
搖～
你不懂！對我們來說，又紅又腫的臀部最性感了！
唉！算我沒說……
那是女生準備好可以交配、生子的信號；沒有一隻公狒狒看了不心動的！
噢！

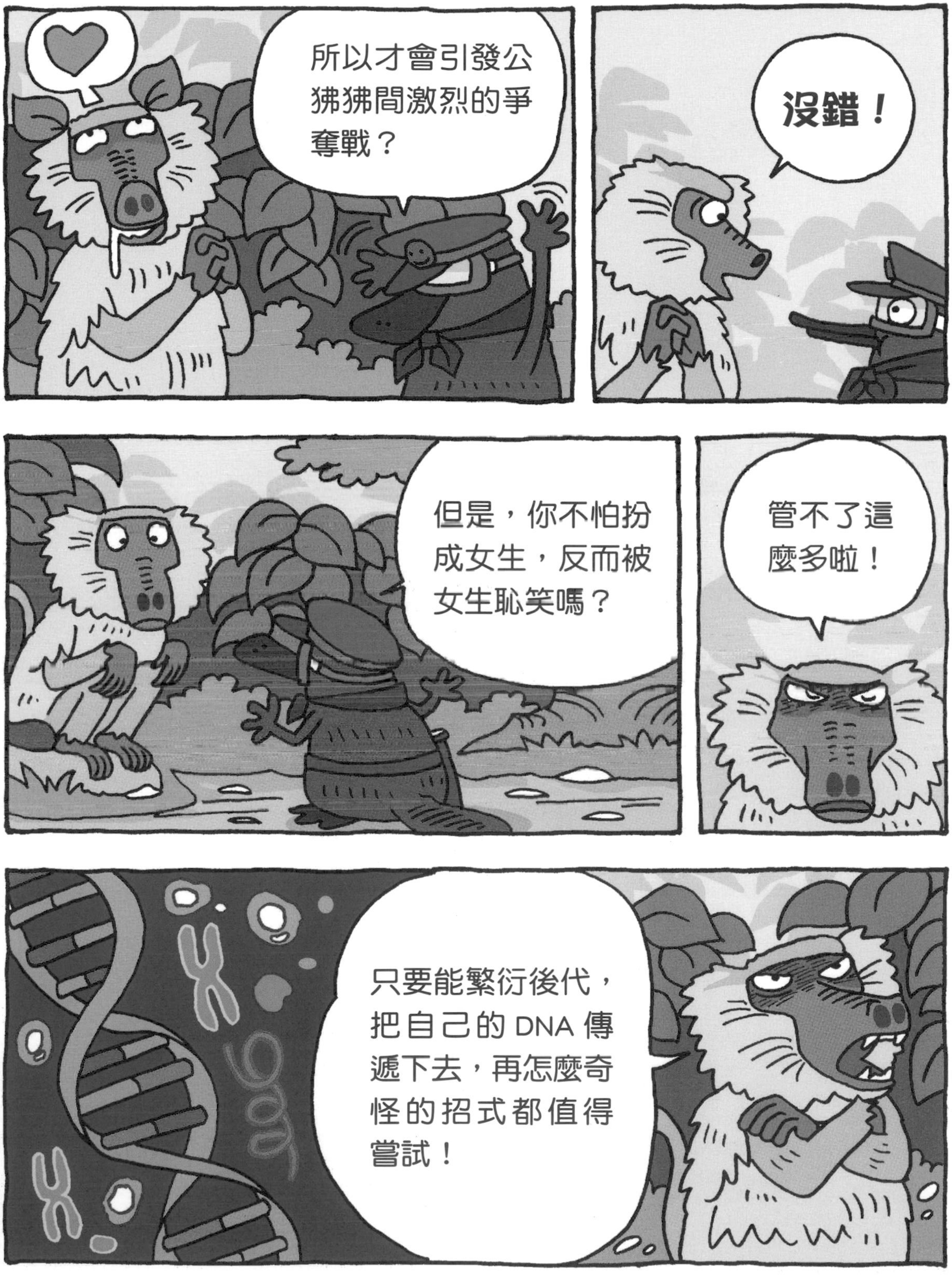
所以才會引發公狒狒間激烈的爭奪戰？
沒錯！
但是，你不怕扮成女生，反而被女生恥笑嗎？
管不了這麼多啦！
只要能繁衍後代，把自己的 DNA 傳遞下去，再怎麼奇怪的招式都值得嘗試！

# 阿拉伯狒狒的搶妻大作戰

阿拉伯狒狒的家庭是由一隻強壯的公狒狒（狒狒王）配上好幾隻母狒狒所組成的。在這個「一夫多妻」的家庭裡，狒狒王會凶悍的趕走其他公狒狒，並且嚴厲禁止自己的太太接近其他的公狒狒。那麼，年幼的公狒狒長大以後，該用什麼巧計為自己找太太呢？

（一）綁架小女嬰，然後親自把小女嬰撫養長大，充當自己的太太。
（二）在狒狒家庭的四周伺機而動，趁狒狒王不注意時，偷偷和狒狒王的太太交配。
王
（三）假裝順從狒狒王，跟著狒狒家庭一起生活。等到狒狒王老了、病了或意外死亡，再接管狒狒王所有的太太們。

真奇怪！我看你年輕，長得也不賴，女生怎麼對你沒興趣，反而喜歡又粗暴又愛打人的狒狒王呢？
一點都不奇怪。
吼！
對我們狒狒家族的女性來說，「打架能贏」代表那隻公狒狒身強體壯、擁有健康的基因；為了生下競爭力強的後代，女生當然選打贏的男生當老公。

我該回去繼續奮鬥了！只要狒狒王一年年老去，到時候年輕力壯的我就有機會打敗他，當上新的大王。嘿嘿……
真危險……
我能為你做什麼嗎？
其實……什麼都不用……
反正我再扮女生就沒事了！嗯哼～
嗯……又來了！

?
啊！有了！
幫你把屁屁打紅腫一點！
！
你回去以後就更安全了！嘻嘻～
謝謝！謝謝！不用了！
別客氣，為民服務是警察該做的事。我先練習揮拍……
咻！

真的不用！
好了！來……
救命啊～
這麼客氣……
那希望有一天你會成功！加油囉！

## 我的辦案筆記

報案人：我自己

辦案原因：阿拉伯狒狒男扮女裝

調查結果：

1. 年輕的雄性阿拉伯狒狒偽裝成女性，目的是躲避狒狒王的殘酷攻擊，沒有其他不良企圖。

2. 母狒狒選擇打贏的公狒狒為老公，是為挑選身強體壯的健康基因，把優良的基因遺傳給後代。

3. 為鼓勵年輕人努力向上的精神，贈送一罐紅色油漆作為青年節禮物，讓年輕的公狒狒擦在屁股上，以躲避狒狒王的攻擊，順利討到老婆。

調查心得：

小公狒，費思量；變了女裝，身分藏；
待他日，體漸壯；廢了舊王，當新王。

無罪

# 小木屋派出所新血召募

想和達克比一起出任務嗎？請先在下頁中找出森林中的仿冒動物，測試一下自己的偵探實力吧！

# 解答篇

● 你找到幾個仿冒大王呢？來看看你的偵探功力等級。

| | |
|---|---|
| 兩個 | 😐 喔喔，功力還要再加強。 |
| 四個 | ☺很不錯！準備到小木屋派出所當見習生。 |
| 六個 | 😀 恭喜你！可以陪著達克比一起去辦案！ |
| 七個 | 😃 哇塞！比達克比還厲害，好強啊！ |

隱藏動物 1 ：壁虎
隱藏動物 2 ：竹節蟲
隱藏動物 3 ：矛鼻蛇
隱藏動物 4 ：枯葉蛾
隱藏動物 5 ：貓頭鷹
隱藏動物 6 ：花螳螂
隱藏動物 7 ：變色龍

# 預告

到底發生什麼事？　請看下集分解

達克比辦案❶

# 誰是仿冒大王？動物的保護色與擬態

作 者｜胡妙芬
繪 者｜彭永成

企劃編輯｜張至寧
責任編輯｜蔡珮瑤
封面設計、美術編輯｜林家蓁、蕭雅慧
內頁設計｜楊錫珍
行銷企劃｜陳詩茵、劉盈萱

天下雜誌群創辦人｜殷允芃
董事長兼執行長｜何琦瑜
媒體暨產品事業群
總經理｜游玉雪
副總經理｜林彥傑
總編輯｜林欣靜
行銷總監｜林育菁
主編｜楊琇珊
版權主任｜何晨瑋、黃微真

出版者｜親子天下股份有限公司
地址｜台北市 104 建國北路一段 96 號 4 樓
電話｜（02）2509-2800　　傳真｜（02）2509-2462
網址｜www.parenting.com.tw
讀者服務專線｜（02）2662-0332　週一～週五：09:00~17:30
讀者服務傳真｜（02）2662-6048
客服信箱｜parenting@cw.com.tw
法律顧問｜台英國際商務法律事務所・羅明通律師
製版印刷｜中原造像股份有限公司
總經銷｜大和圖書有限公司　　電話｜（02）8990-2588
出版日期｜2013 年 9 月第一版第一次印行
2024 年 7 月第二版第三十六次印行
定 價｜299 元
書 號｜BKKKC044P
ISBN｜978-986-92013-8-4

訂購服務：
親子天下 Shopping｜shopping.parenting.com.tw
海外・大量訂購｜parenting@cw.com.tw
書香花園｜台北市建國北路二段 6 巷 11 號
電話（02）2506-1635
劃撥帳號｜50331356 親子天下股份有限公司

國家圖書館出版品預行編目（CIP）資料

達克比辦案 1, 誰是仿冒大王？動物的保護色與擬態 / 胡妙芬文；彭永成圖. --
第二版. -- 臺北市：親子天下, 2015.08
128 面；17＊23　公分
ISBN 978-986-92013-8-4（平裝）
1. 生命科學 2. 漫畫
360　　104014083